蜜蜂授粉科普系列丛书

蜜蜂授粉瓜菜更安全

农业农村部种植业管理司
全国农业技术推广服务中心　编绘
中国农业出版社

U0380954

中国农业出版社
北京

编辑委员会

为什么大棚瓜菜适合用蜜蜂授粉

以前，无论粮食作物还是瓜果蔬菜都是在露天环境里种植，生长发育受自然环境的影响。尤其是在我国北方，冬季漫长，新鲜食物的供应时间很短，食物种类也很单一。当人们想吃新鲜的瓜果蔬菜了怎么办呢？

唉！

一到冬天就是萝卜白菜，就不能整几个新鲜的吗？

有人想到给作物撑起保护伞——建温室，这样一来，即使在寒冷的冬季，作物也能正常生长，人们在任何季节都能享用到新鲜的瓜果蔬菜。

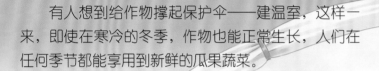

花蕊很娇嫩，必须选择柔软的工具，进行人工授粉。

从早忙到晚，腰都快断了！

小心别把花碰掉咯，花掉了就结不出果子了！

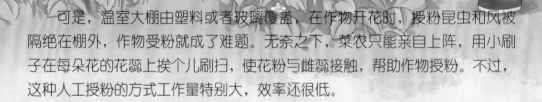

　　可是，温室大棚由塑料或者玻璃覆盖，在作物开花时，授粉昆虫和风被隔绝在棚外，作物受粉就成了难题。无奈之下，菜农只能亲自上阵，用小刷子在每朵花的花蕊上挨个儿刷扫，使花粉与雌蕊接触，帮助作物授粉。不过，这种人工授粉的方式工作量特别大，效率还很低。

为了省时省力，科学家研发化学激素——"坐果灵"，激素一喷，作物不用授粉也能结出果实。然而，这种果实并不是自然形成，只能算"人造果"。"人造果"失去了原来的鲜美味道，有的连长相都变丑了！

没有足够的种子，果实就发育不良，会长成畸形果。

没有发育的种子

草莓身上的"小芝麻"其实是它的种子，它的果实就是由这些种子均匀发育形成的。

这个怎么长得歪歪扭扭的？

大棚瓜菜使用蜜蜂授粉的好处有哪些

　　农业专家做了大量试验，发现用蜜蜂授粉可以很好地代替人工授粉和激素喷花。目前，在大棚里应用蜜蜂授粉的瓜菜主要有草莓、甜瓜、西红柿，还有辣椒、茄子等。小小的蜜蜂不仅解决了大棚瓜菜授粉的难题，还为我们带来了很多"惊喜"！

产量更高！

　　作物在开花初期雌蕊柱头活力最强，蜜蜂不间断地飞行传粉，能保证在柱头活力最强的时候授粉，使作物达到最佳授粉效果，结出的果实自然更多咯！

花药
花丝 ——雄蕊
药隔
花药
花粉
柱头
花柱 ——雌蕊
子房

未使用蜜蜂授粉

使用蜜蜂授粉

品质更好！

　　蜜蜂能在作物花粉最多的时候授粉，大量的花粉落到柱头上，发育受精形成更多的胚珠，从而形成更多的种子，种子越多，果实越饱满，营养物质和糖分含量增加，酸度降低，外表更好看，味道也更棒！

可能结不出果来哦……

真好吃！

这回使用蜜蜂授粉，终于种出来优质瓜菜！

成功了！

节省人力！

人在温度、湿度都比较高的大棚里劳动是十分辛苦的，而有了蜜蜂的帮助，就节省了不少人力。只要给蜜蜂提供适合的环境，再配备上足够的食物，授粉季节基本不需要人工管理了。

以蜂为本 安全生产

安全健康！

蜜蜂是昆虫，使用蜜蜂授粉必须控制农药的喷施，采用更加安全、健康的生物防治手段，这样种植出来的瓜菜更安全，有利于消费者的健康。

授粉我最棒

光荣榜
时间长
效率高
运用广

意大利蜂

劳模

我们知道，用于人工授粉的蜜蜂以意大利蜂、熊蜂、中华蜜蜂为主，那它们各自适合给什么作物授粉呢？

意大利蜂靠着大家族的群势和成果丰硕的业绩在授粉领域独占鳌头，它们特别适合为大宗蜜源作物授粉。在大棚里，意大利蜂给花期长的草莓授粉效果特别好。

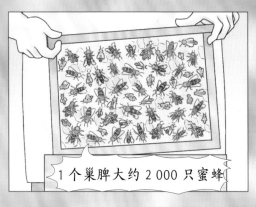

1 个巢脾大约 2 000 只蜜蜂

意大利蜂要保持族群的正常生活需要一定的数量作为保障。一个意大利蜂蜂箱最少要有4个巢脾，8 000 ~ 10 000只蜜蜂，大群势能使意大利蜂家族更加稳定、强大。

相对于意大利蜂，中华蜜蜂出勤早，归巢晚，工作勤快，行动敏捷。能够适应更高的温度，在热带地区的大棚授粉很受欢迎，为甜瓜、西瓜授粉效果棒棒哒！

咬住柱头，振动翅膀，声震授粉

喷激素长出的果实会把作物的花萼挤到一边

大棚里，既不用蜜蜂授粉也不用激素的西红柿产量特别低

西红柿、茄子、辣椒这类茄科作物有天生特殊的"体味儿"，而且它们的花朵花粉多花蜜少，这些特点很难吸引授粉昆虫。

熊蜂不嫌弃特殊的味道，也不挑剔食物的品种。厚厚的皮毛更耐潮湿和低温，更能适应冬季大棚环境。

这就是传说中的豪宅！

我是熊蜂。

你是谁？

一箱授粉专用的熊蜂一般有六七十只，别看数量少，工作效率却很高。一箱熊蜂在一个 $500 \sim 600$ 米^2 的大棚里可以连续工作一个多月，既能吃苦又耐劳！

让我跟你们一起住吧。你们住的也太宽敞了！

如何用蜜蜂给大棚瓜菜授粉呢

使用蜜蜂授粉要提前预定。

农户要在作物开花前两个月与授粉公司联系，确定用蜂品种、数量及相关细节。蜜蜂不是随叫随到的，授粉公司要提前培育，才能满足用户的需求。

我们保证按您的要求准时送到。

草莓的花期比较长，用意大利蜂更合适。

一个 400 米^2 的西红柿大棚用一箱熊蜂就够了，您有多少个棚？

熊蜂培育室内的光线是红色的，人能正常观察，又不影响蜜蜂的正常发育。

在大棚的四周和通风口安装好防虫网，防止害虫闯入和蜜蜂溜出。调节大棚内的温湿度，通风换气，使蜜蜂舒适工作。

蜜蜂授粉的适宜湿度是 50% ~ 80%。

熊蜂授粉适宜的温度为10~30℃，意大利蜂授粉适宜的温度为18~28℃。

看到作物逐渐开花后，就要联系授粉公司送蜂了。蜂箱要在傍晚时运送到指定的大棚，白天运输会让蜜蜂颠簸烦躁，引起闷热死亡。蜂箱摆放在大棚的中间位置，底部垫起三四十厘米的高度，防止潮湿地面对蜂箱的影响。

另外，要细心检查一下蜂群的质量，有健康的蜂王、足量的工蜂和卵及幼虫才算合格哦！

为了分泌更多的王浆供养蜜蜂幼虫和蜂王，工蜂必须积极出巢采粉。

为了女王陛下，我们要努力工作哦！

小宝宝们吃饭啦！多多吃，快快长！

　　在作物开花早期和冬季气温较低时，由于食物不足又有些冷，蜜蜂不太愿意出巢工作，提前准备好糖水、花粉，放在蜂箱附近，用食物的香味引诱它们出巢工作。还要准备清水，在盘子里放几根木条以供蜜蜂驻足，防止蜜蜂喝水的时候不小心掉进水里。

甜甜的……走，一起出去看看有什么好吃的。

外面是什么味道这么香？

第二天一早，光线充足，温度也逐渐升高，蜜蜂们也养足了精神，一打开巢门它们就争先恐后地出巢觅食啦。

蜜蜂授粉期间，人们尽量不要去干扰，只要保证食物和水的充足与清洁，它们就会认真工作，努力授粉！

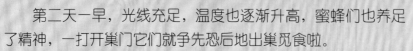

绿色防控保证蜜蜂授粉的安全

蜜蜂授粉期间最让人担心的就是作物发生病虫害了，作物一旦生病，人们既要想方设法给作物治病，保证它们健康成长，又要防止蜜蜂授粉受到影响。这时的决策可是会影响以后的收获呦！

别跑啊！主人不会下猛药的，留下来给我们授粉吧。

不要吃药啊！我最讨厌吃药了！

这里有害虫，快去报告主人！

17

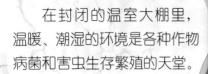

在封闭的温室大棚里，温暖、潮湿的环境是各种作物病菌和害虫生存繁殖的天堂。

白粉病：白色的霉菌就像撒了白粉一样，植株一旦感染就会快速蔓延。

疫病：病菌在潮湿的环境下快速繁殖。对辣椒、黄瓜、冬瓜、西红柿等蔬菜危害严重。

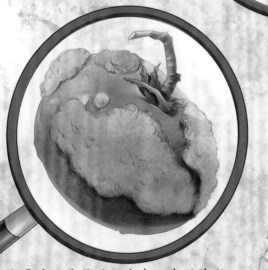

灰霉病：会导致果实表面腐烂并形成灰白色霉层，棚内潮湿时会诱发并加重病情。

红蜘蛛：刺吸植株汁液并在叶面吐丝结网。在高温干旱环境下会快速繁殖。

粉虱：别看个头不大，危害可不小。一头雌虫一次可产几百粒卵，是一种世界性害虫。

蚜虫：又叫腻虫，最喜欢紧紧腻在植株嫩叶和茎秆上，靠吸食植株的汁液生存。

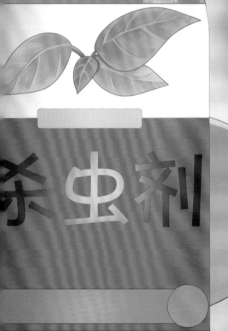

为了保护蜜蜂的安全，蜜蜂授粉期间，大棚里不能使用化学农药。

一看到作物生病或害虫孳生，人们首先想到的就是打药，但是正在大棚进行授粉工作的蜜蜂，比很多害虫更加脆弱、敏感。一旦喷洒农药，它们就很难存活了。

而且，就算蜜蜂授粉工作已经结束，为了瓜菜的安全，也尽量不要使用农药哦。

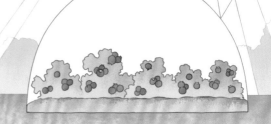
反射紫外线

光解

不乱使用农药可以减少大棚瓜菜的农药残留。

对于种植在室外的作物来说，它们能直接接受太阳紫外线的照射，紫外线有杀菌消毒、分解农药的作用，同时，风吹雨打也能冲洗掉作物表面的农药，而塑料大棚在很大程度上阻隔了紫外线，也隔断了风雨。所以，在大棚里使用化学农药，会在瓜菜表面残留更长时间，可能导致瓜菜农残超标。

喷施农药不当会得不偿失。

经常喷药会使病虫产生抗药性，更加难以控制。

买农药要花钱，请人喷药也要花钱，如果挽回的经济损失抵不过成本的投入，再多辛苦也是徒劳。

农药喷施过量，也会对作物造成药害，直接给农户带来经济损失。

谁让你给我打那么多农药。

为什么吃了好多天药，还是不见好呢？

有毒的花粉和花蜜

土壤缓释剂也不要使用哦！

在土壤里埋入缓释剂对蜜蜂的影响也很大。缓释剂会被植株慢慢吸收到体内，甚至在植株的花朵上也会存在。虽然它们的确可以帮助作物避免一些病虫害，但对蜜蜂来说却是十分危险的毒药。

我也是啊！

抱歉，我分不清益虫和害虫……

如何预防大棚瓜菜发生病虫害？如果发生病虫害，又要如何治病除虫呢？

事实上，作物经过长期进化，早就具备了抵抗疾病的自我保护能力，我们要做的就是不破坏它们这种能力，让它们正常成长。

我们有办法保护自己，也能帮助植物做好防护！

　　作物成长的早期和小婴儿一样，对它们精心照顾，使它们少生病，长大后会更健壮，抵抗疾病的能力也更强。

　　给作物提供适宜的温度、湿度，充足的水分和光照，良好的通风环境，切断各种传染病虫的来源等，都对它们以后的健康十分重要。

为什么不让我进去？！

防虫网能阻隔害虫。购买防虫网时应注意孔径。孔径大，有利于通风；孔径小，能阻拦更小的害虫。

居然连我都进不去。

种苗进棚前要彻底清理大棚，清除潜在的威胁。大棚里的病菌和虫卵藏在哪里呢？土壤、大棚的表面、腐烂的植株和果实、种苗的自身都是它们的藏身之所。

将大棚里的枯枝烂叶收集起来，用塑料薄膜覆盖，用消毒剂消灭病菌和虫卵。

消毒剂

健康苗壮的种苗

购买种苗时，要选择抗病虫品种的种苗，还要确保植株和土壤里没有携带病菌和虫卵，正式移栽进大棚时，要再次进行消毒处理。

苗床管理卡

好吃……

棚里的威胁要预防，棚外的威胁也不能忽视。

外面的害虫要进入大棚是因为它们在外面找不到食物，填不饱肚子，所以，我们可以在大棚的周围种上害虫喜欢吃的植物，吸引害虫留在棚外，再将它们一网打尽。

作物生长的全过程都要避免外界伤害，受伤的植株特别容易感染病毒。植株的伤口就是病菌入侵的入口，如果这些病毒传染给其他健康植株就更糟糕了。当人在大棚里穿行或者侍弄植株时，一定要小心不要弄伤植株呦。

那个家伙受伤了，咱们快上！

不要过来！

病毒快滚开！

热水澡杀菌消毒，洗得我好爽啊！

咱们从小就得注意健康哦，否则长大了容易生病呢！

我喜欢黄色！

粉虱和米粒大小差不多

　　明白了如何绿色"防病防虫"，对于已经生病的作物，要怎么样绿色"治病治虫"呢？

　　一个经济又简便的办法是在大棚里悬挂色板。很多虫子都"好色"，黄、红、蓝、绿各有所爱。用这些吸引虫子的颜色制作色板，虫子们就会奋不顾身地扑上去！等着它们的就是有去无回的陷阱啦。

黄色、蓝色我都爱！

蓟马成虫体长不超过 2 毫米

色板上面是黏黏的胶水，这些"色狼"一落上去就会被胶水紧紧"逮"住，再不能回去危害作物了。色板不仅能"逮捕"害虫，还能起到害虫数量预警的作用。

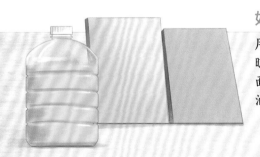

如何自制色板

用废旧的塑料板、木板，涂上有颜色的油漆，晾干后粘上一层透明塑料膜，再在塑料膜表面涂抹油烟机油盒里的废油或者汽车用的机油，做好后挂到室外，看看会粘上些什么？

　　人工释放天敌来对付大棚里的害虫也是一种绿色防控的重要手段。天敌就是害虫们的克星，不同的天敌能够对付不同的害虫，就像天兵天将一样，精准打击目标，保卫植株健康！

　　瓢虫一天可以吃掉 150 ~ 200 只蚜虫，相当于自身体重的 30 ~ 35 倍！

大棚里使用的捕食性天敌有瓢虫、草蛉、捕食螨等，它们可以捕杀很多种大棚常见的小害虫。效率高，无污染，不过，目前培育天敌的成本还比较高。

草蛉是著名的捕虫能手，成虫和幼虫的捕食能力都很强，几乎可以取食所有作物上的蚜虫，对介壳虫、红蜘蛛和多种昆虫的卵和幼虫也有很强的杀伤力。大草蛉一生能捕食1000多只蚜虫！

我们草蛉卵简直就是艺术品！

那些天兵天将太厉害了，快把我们赶尽杀绝了！

当这些办法的治病效果不好时，也不要着急用化学农药，我们还有秘密武器——生物农药。

简单地说，生物农药是利用自然环境中本来存在的生物或微生物来对付农业病虫害，取之自然，用之自然。生物农药对人和牲畜更安全，对环境也更加友好。

大名鼎鼎的苏云金芽孢杆菌属于微生物源农药，是目前世界上用途广泛、效果极佳的生物杀虫剂。

用辣椒水、烟草水喷洒植株可以防治小害虫。

用蜘蛛毒、沙蚕毒可以制作杀虫剂。

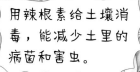

用辣根素给土壤消毒，能减少土里的病菌和害虫。

农用芥末（辣根素）是一种杀菌消毒效果很好的植物源生物农药，它的含量是调料芥末的几千倍，能消灭很多种真菌、细菌、病毒……而且无残留、无污染，很适合在封闭的大棚内使用。

吃过芥末的人一定记得那种七窍俱通、鼻涕眼泪一大把的感受。如果用这个东西对付害虫，让它们也"享受"一下芥末的刺激，岂不妙哉！

闻到美女的香味啦，必须去看看！

性诱剂利用异性相吸的原理来消灭害虫。不过，并不是真的抓几只母虫子作为诱饵，虫子没抓到，人先累半死。性诱剂也是一种生物农药，是人工合成类似雌虫求偶交配时的气味来设置陷阱，吸引"花花公子"们自投罗网。

在害虫成虫发生期，大棚内放置几个性诱捕器，能逮住好多害虫。

　　大量雄虫被逮住了，很多雌虫自然就成了"寡妇"，它们产的卵没有受精，无法发育长大。像没有和公鸡交配的母鸡一样，虽然也能生蛋，可这样的蛋孵不出小鸡。

　　大棚里作物病虫害的问题解决了，蜜蜂授粉的工作就可以顺顺当当进行了！作物安全了，蜜蜂也安全，结出的果实才更健康！

蜜蜂授粉草莓人人爱

草莓庙会

现在我们在市场随时都能买到新鲜的草莓，这可要感谢蜜蜂的帮助呢！得益于蜜蜂授粉技术的推广，草莓的产量和质量有了很大幅度提高，个个长得标致可爱，口感也更香甜了。

北方草莓一般11月开始开花，到第二年3月中旬结束。开花早期正值北方冬季，天气寒冷，这个阶段使用熊蜂授粉效果更好。第一批果实上市后（春节前后），气温逐渐回升，再放入意大利蜂继续授粉，直到花期结束。充分利用熊蜂、意大利蜂各自的优势，保障草莓的授粉效果最佳，能获取最大的经济效益。

蜜蜂授粉甜瓜大又甜

甜瓜是葫芦科黄瓜属一年生爬蔓的草本植物。甜瓜一颗植株上长有雌雄两种花，雄花的花粉传到雌花的柱头上，植株才能受精，结出果实。如何区分雌花和雄花呢？

最简单的区别办法是看花的"屁股"，花"屁股"上带着个迷你小果的就是雌花，没有小果子的是雄花。雌花的小果子在成功受精后会长成果实，没有受精的话就会逐渐脱落。

甜瓜属于虫媒授粉作物，花粉黏性比较大，单靠风吹无法授粉成功。所以，大棚里的甜瓜就要依靠蜜蜂帮忙授粉啦，蜜蜂浑身的绒毛可以轻松地粘到甜瓜花粉，"专家"干活就是专业。

我使了好大力气，花粉竟然纹丝不动！

老兄，使多大劲都没用的……

花粉粘成小颗粒，大风也吹不走。

48小时

甜瓜花的最佳授粉期只有一两天，这关键的一两天可决定整个大棚的收成。蜜蜂们要在这短短的 48 小时内迅速地使甜瓜花成功受粉，真是时间紧、任务重啊！

短暂的花期结束后，雌花的小果子已经开始充盈饱满起来，等待我们的将是满棚的硕果！

蜜蜂授粉西红柿汁多味美

细心的人在逛超市时可能会发现，在包装上标注有蜜蜂授粉或熊蜂授粉的西红柿越来越多。它们外表看起来更加圆润饱满，其实味道也更好。咬上一口，仿佛一瞬间回到儿时，让人想起在奶奶家菜园里玩耍的情景。

激素喷花结出的西红柿有空心，甜度低，口感也不好。

蜜蜂授粉西红柿果肉饱满，甜美多汁。

西红柿
蜜蜂授粉
儿时的味道

熊蜂授粉的西红柿产量高，畸形果率低，同时也缩短了果实成熟期，维生素 C 和总糖含量都有显著提高，酸度降低，改善了果实品质，从而提高了经济效益。

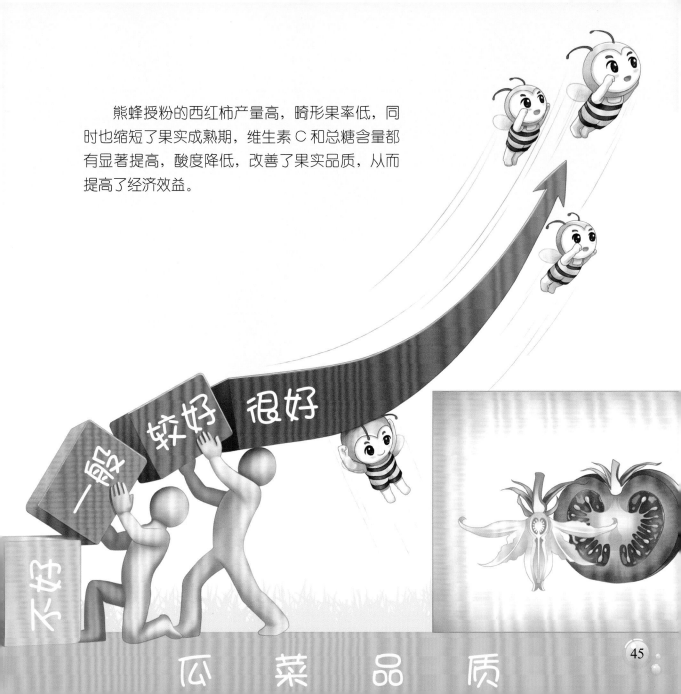

不好　一般　较好　很好

蔬菜品质

得益于蜜蜂授粉，我们能享用到越来越多的优质瓜果蔬菜。蜜蜂授粉不仅满足了消费者对高品质农产品的需求，而且提高了种植户的经济收入，还能助力生态农业和绿色农业的健康发展。

让我们为勤劳能干的小蜜蜂鼓掌吧！